本书受上海市教育委员会、上海科普教育发展基金会资助出版

上海自然博物馆
Shanghai Natural History Museum
上海科技馆分馆
Branch of Shanghai Science & Technology Museum

ZIRANQUWANWU
自然趣玩屋

探秘荷叶效应

U0122103

上海教育出版社
SHANGHAI EDUCATIONAL
PUBLISHING HOUSE

图书在版编目(CIP)数据
探秘荷叶效应 / 徐蕾主编. – 上海: 上海教育出
版社, 2016.12
（自然趣玩屋）
ISBN 978-7-5444-7354-5

Ⅰ. ①探… Ⅱ. ①徐… Ⅲ. ①植物 – 青少年读物
Ⅳ. ①Q94-49

中国版本图书馆CIP数据核字(2016)第287998号

责任编辑 芮东莉
黄修远
美术编辑 肖祥德

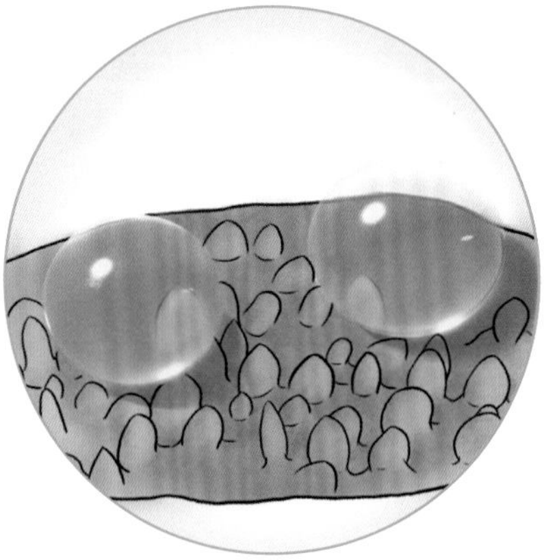

探秘荷叶效应
徐 蕾 主编

出 版 上海世纪出版股份有限公司
上 海 教 育 出 版 社
易文网 www.ewen.co
地 址 上海永福路123号
邮 编 200031
发 行 上海世纪出版股份有限公司发行中心
印 刷 苏州美柯乐制版印务有限责任公司
开 本 787×1092 1/16 印张 1
版 次 2016年12月第1版
印 次 2016年12月第1次印刷
书 号 ISBN 978-7-5444-7354-5/G·6063
定 价 15.00元

目录

CONTENTS

“活化石”的新妙用

汉代乐府诗“江南可采莲，莲叶何田田”，“莲”是什么？“莲”就是夏天摇曳多姿的荷花。荷花被誉为被子植物的“活化石”，在地球上生活了1亿多年，为炎热的夏季带来一抹清新与淡雅。在主妇眼里，荷花全身都是宝，可做食材，又可入药；在文人笔下，“出淤泥而不染”，代表着荷花清廉的品质与浪漫的情怀；在科学家眼里，这清廉的品格带来的启示则造就了一种新型材料。什么？它还能当材料？别惊讶，接下来，就让我们一步步走近这种奇妙的植物，一起来了解荷叶效应。

荷的前世今生

“荷”字的由来

● 《说文解字》将 ΨΨ（艸 cǎo）解释为植物的总名，也就是说，与植物相关的汉字，大多有“艹”字头。“荷”字是一个形声字，“艹”表意，而“何”表音，即代表这个字的读音。

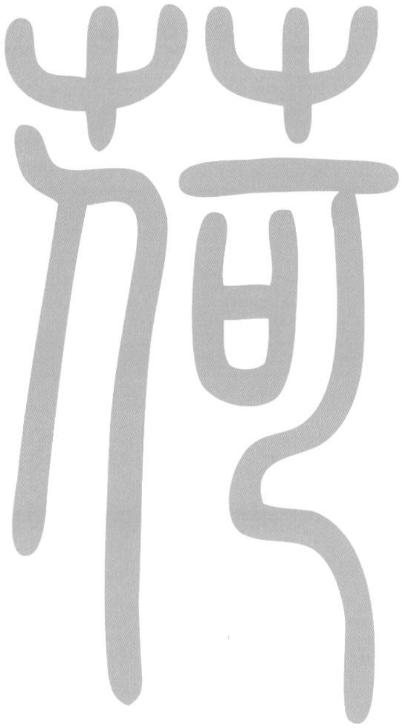

● 用“荷”字来组词，你想到的是什么？

我想到了____

____

____。

答案：“荷”是一个多音字，读hè时，意为承受，如负荷；读hé时，表示的则是一种古老的水生植物，也叫作莲。

荷的浪漫别名

● 内外兼美的荷花自古以来就被传颂，你知道多少个它的浪漫别名及出处？接下来，测一测你和荷花的亲密度。

我知道________个荷花的别名，分别是：

别名1：______________，出自______________________________。

别名2：______________，出自______________________________。

别名3：______________，出自______________________________。

别名4：______________，出自______________________________。

别名5：______________，出自______________________________。

别名6：______________，出自______________________________。

别名7：______________，出自______________________________。

我是一位____________________。（识荷人、赏荷人、懂荷人、荷的知己）

评判标准

识荷人：写出1个别名。

赏荷人：写出2～3个别名。

懂荷人：写出4～5个别名及出处。

荷的知己：写出5个以上别名及出处。

答案：

莲/花君子：劫后亭斯在，花闲犹是莲。此花号君子，其人斯在焉。——《爱莲池》

菡萏：彼泽之陂，有蒲菡萏。——《诗经》

芙蕖：迫而察之，灼若芙蕖出渌波。——《洛神赋》

水芙蓉：荷花亦称作芙蕖、水芙蓉。——《群芳谱》

水宫仙子：水宫仙子斗红妆，轻步凌波踏明镜。——《鸡叫子》

水芝：芙蓉，一名荷华，生池泽中，实曰莲，花之最秀异者。一名水芝，一名水花。——《古今注》

那些莲，非荷也

● 荷即莲，是莲科莲属植物。1亿年前，它们便已登上历史的舞台，根据现有化石证据，地球上曾经有莲属植物12种，广泛分布于世界各地；但是后来由于地质环境的变化，现在仅存2种，一种是中国莲，另一种是美国莲。

▲ 中国莲 *Nelumbo nucifera*

中国莲多数植株高大，花柄、叶柄均有倒刚刺，花红色至白色。

▲ 美国莲 *Nelumbo lutea*

美国莲植株矮小，花仅见单瓣型，黄色，花柄、叶柄无倒刚刺。

● 你也许会问，不对吧，不是还有睡莲、王莲吗？它们长得和荷花很像，难道不是荷花吗？还有木芙蓉，古人不是也称荷花为“水芙蓉”吗？是的，这些植物名字里的确有“莲”“芙蓉”等字，但它们并不是荷花，它们与荷花的亲缘关系很远。

▲ 睡莲

▲ 王莲

▲ 木芙蓉

连一连

特点

世界上最大的水生植物

水中睡美人

陆地上的菡萏

名称

与荷花的不同之处

叶片圆形，
像圆盘浮在水面。

生于陆地，其花或白或粉或赤，皎若芙蓉出水，艳似菡萏展瓣。

花和叶多半浮在水面上，叶片有一个V字缺口，花或昼舒夜卷，或昼卷夜舒。

看图识荷

- 荷花的每个部分都有特定的称谓，我国最早的辞书《尔雅》云：“荷，芙渠。其茎茄，其叶蕸（xiá），其本蔤（mì），其华菡萏（hàn dàn），其实莲，其根藕，其中菂（dì），菂中薏（yì）。”
- 我们通常将整株荷花称为“荷”或“莲”，茎为“茄”，叶为“蕸（xiá）”，花苞为“菡萏”，已开的花叫“芙蕖”，花开过后的花托叫“莲蓬”，水下泥中的根状茎为“藕”，种子为“莲子”，胚芽为“莲心”。

试一试

- 请在下图中标注荷花各部分的现代名称。

藕的小秘密

● 你见过藕切开的样子吗？数一数，它有几个孔？

▶ 九孔藕

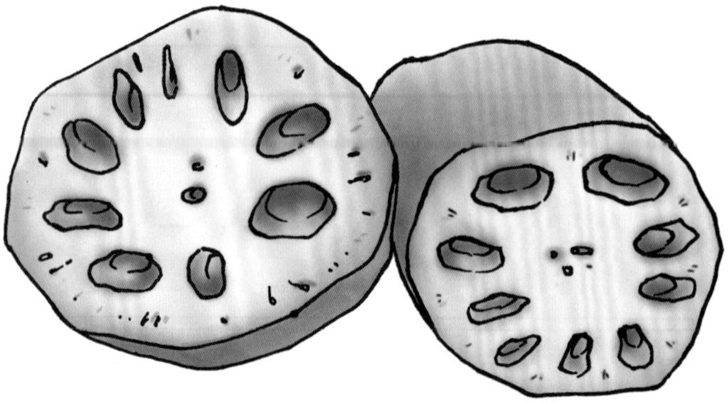

▶ 七孔藕

● 常见的藕可以分为七孔藕和九孔藕，一般来说，七孔藕淀粉含量较高，水分少，糯而不脆，适宜做汤，如排骨莲藕汤；九孔藕水分含量高，脆嫩、汁多，凉拌或清炒最为合适，如糖醋藕片。不过，这并不是一个科学判断依据，不要太当真哦！

● 藕在你齿间留下美味的同时，也让你见识了“藕断丝连”的现象，你知道为什么会出现这一现象吗？

我的答案是：________________________________

____

答案：藕是荷花膨大的地下茎，里面有着大量的导管，起传输水分和矿物质的作用。导管细胞壁上盘绕着又厚又坚韧的螺纹状结构，当藕被你的牙齿咬断时，这些结构从原本盘旋的状态变成了拉长的细丝，这就是“藕断丝连”现象产生的原因。

荷叶的启示

盛夏清晨的水池中，已是一派“接天莲叶无穷碧”的美景。荷叶虽生于水与泥之中，却始终做到“出淤泥而不染”，这是什么原因呢？让我们先来做个游戏。

运水珠接力比赛

- 准备一些荷叶，和小伙伴一起分成两组，每组利用荷叶交替运送水珠。交接时，要把水珠从一片荷叶上滚到另一片荷叶上，在限定时间内，到达终点所保留的水珠最大者胜出。传递过程中，如果水珠掉落，无法继续进行接力比赛者，则判输出局。

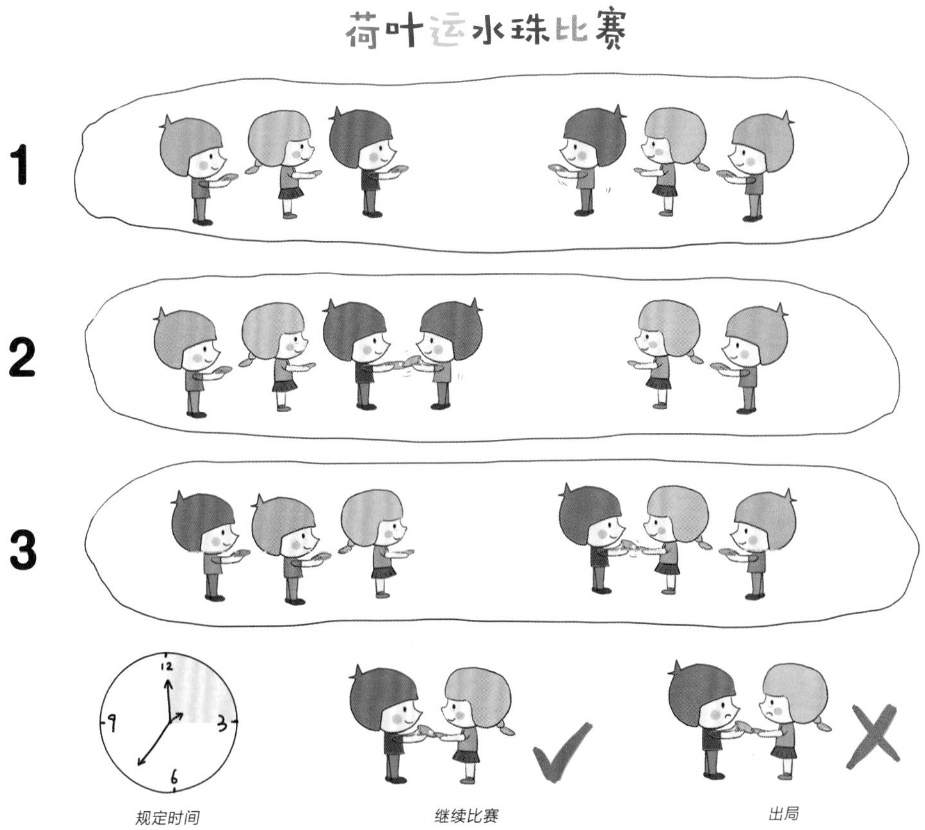

认识荷叶效应

● 在刚才激烈的比赛中，你胜利了吗？有没有发现小水珠在荷叶上不听使唤地滚来滚去，还顺带把落在叶面上的尘土、污泥粘带走，让叶面干净了许多？这就是“荷叶效应”，与荷叶的“超疏水性”与“自清洁能力”有关。

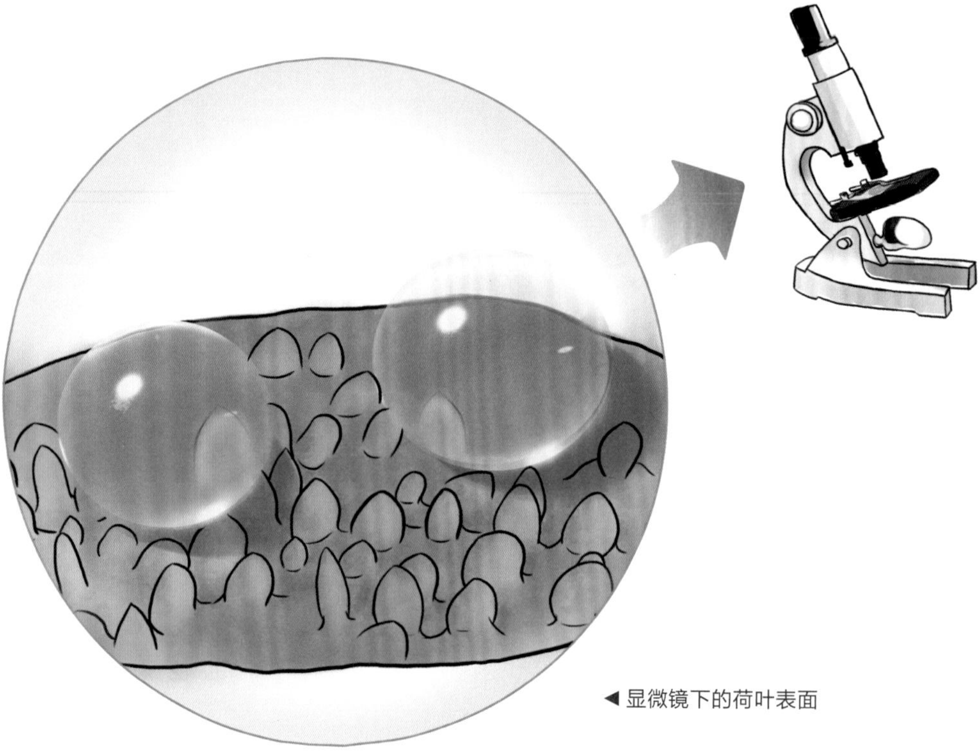

◀ 显微镜下的荷叶表面

● 这是怎么做到的呢？是不是因为它非常光滑？科学家在显微镜下观察发现，荷叶表面并非看起来的那么光滑，其实它很粗糙，布满了非常多微小的乳突状“小山包”。原来，这些“小山包”之间的凹陷处充满着空气，在紧贴叶面处形成一层极薄的纳米级厚度的空气层。当雨水落到叶面上后，由于隔着一层极薄的空气，水滴只能与叶面上的“小山包”顶端进行接触，而不能浸润到荷叶表面。水滴在自身表面张力的作用下形成球体，并在滚动中吸附灰尘，当它们滚离叶面时，就达到了清洁叶面的作用。

● 想进一步探究荷叶的“超疏水性”和“自清洁能力”？那就请前往“自然探索坊”吧！

自然探索坊

挑战指数： ★★☆☆☆
探索主题： 荷叶效应与其用途
你要具备： 识别常见植物的能力
新技能获得： 分析推理能力

欢迎来到自然探索坊，有三个小实验等着你，帮助你探索荷叶效应。有些材料需要你提前准备。

荷叶效应的检验

● 在爸爸妈妈或小伙伴的陪同下，采集四种不同植物的叶片（建议：美人蕉、石楠、玉兰、桑、荷花、芋、甘蓝等，选其中四种）。戴上橡胶手套（一定要戴哦），在每张叶片上滴水来检验哪一种叶片具有"超疏水性"，据此判断其是否具有荷叶效应，并将实验结果记录在下表中。

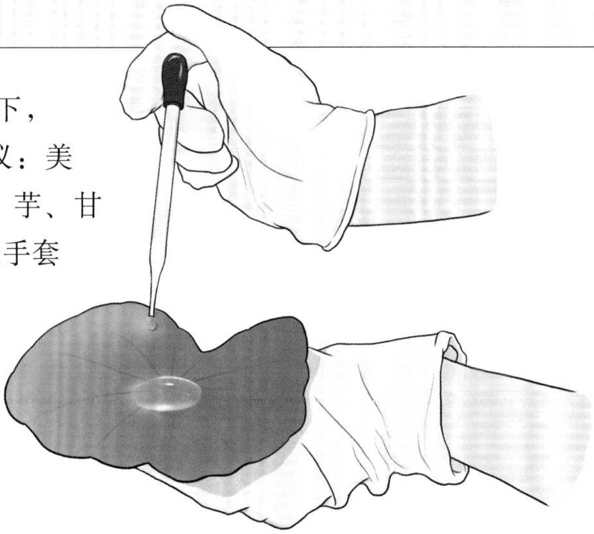

叶片名称	是否具有荷叶效应	
	是	否
1		
2		
3		
4		

自清洁性小实验

1）将一小撮胡椒粉洒在荷叶表面，然后再滴上几滴水，轻轻晃动荷叶。将现象记录在下面：

我发现让水在荷叶表面__________，胡椒粉__________（消失/附着）。

2）换一种不具有荷叶效应的植物叶子来重复上述实验步骤。

我选用了__________（植物名字），发现让水在叶子表面__________，胡椒粉__________（消失/附着）。

▲ 胡椒粉与荷叶

▲ 撒胡椒粉到荷叶上

▲ 水冲击荷叶上的胡椒粉

● 想一想：荷叶的这种自清洁特点能带给你哪些灵感？

____

____

____

____

荷叶效应的破坏

● 现在请摘除手套，用手在荷叶表面轻轻揉搓一个小圆，然后滴一滴水在揉搓过的地方，观察荷叶效应是否仍然存在。

我发现荷叶效应＿＿＿＿＿＿（消失/还在），

我认为是因为＿＿＿＿＿＿＿＿＿＿＿＿＿＿＿＿＿＿＿＿＿＿＿＿。

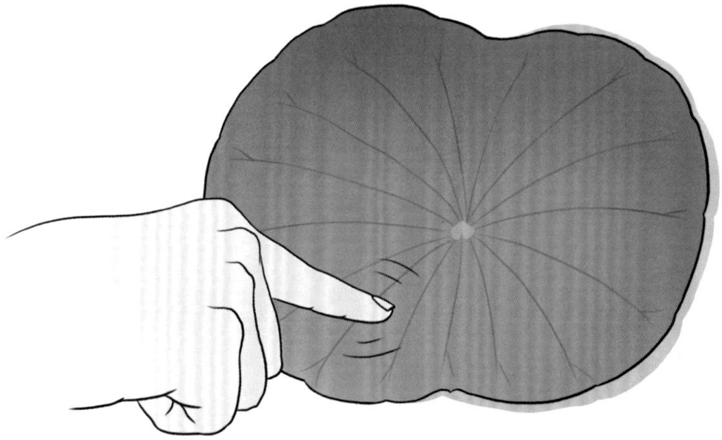

◀ 不戴手套，揉搓荷叶表面

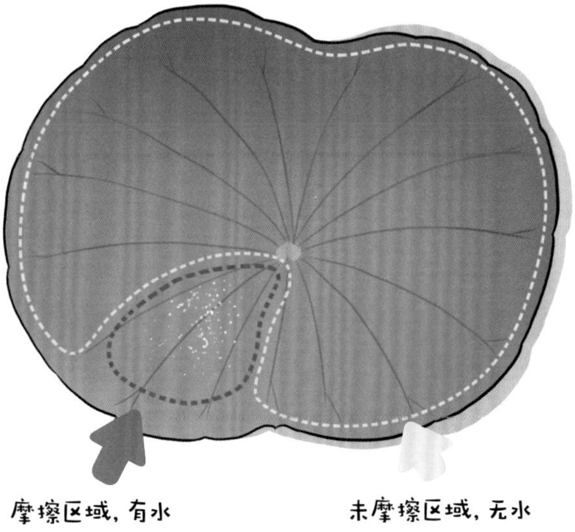

◀ 荷叶发生的变化

● 原来组成荷叶表面的那些纳米级“小山包”的成分是蜡质，能被手指皮肤上的油污所破坏，同时手指的摩擦力及压力也破坏了表面薄薄的空气层，从而破坏了荷叶效应。

奇思妙想屋

大自然的启发

● 荷叶的这种特点已经被广泛应用于建筑涂料、服装材料等方面。

我觉得它还可以应用于＿＿＿＿＿＿＿＿＿＿＿＿＿＿＿＿＿＿＿＿＿＿＿＿。

● 生活中还有不少从自然界获取的灵感，它们帮助我们进行创造和发明，这就是仿生学。你还可以举出哪些仿生学的例子？

我选＿＿＿＿＿＿＿＿（生物或生物现象），模仿它的＿＿＿＿＿＿＿＿＿（外表/皮肤特征/形状/颜色等），可以制作成＿＿＿＿＿＿＿＿＿＿＿＿＿，理由是＿＿＿＿＿＿＿＿＿＿＿＿＿＿＿＿＿＿＿＿＿＿＿＿＿＿＿＿＿＿。

▲ 鸟类飞行

▲ 蜂巢

▲ 白鹭

▲ 鲨鱼皮

▲ 刺芒